Jörg Vogelmann

Ökologie und Biodiversität von Tiefland- und Bergregenwäldern - Schlussfolgerungen zur Schutzwürdigkeit

GRIN Verlag

Bibliografische Information der Deutschen Nationalbibliothek:

Die Deutsche Bibliothek verzeichnet diese Publikation in der Deutschen National-bibliografie; detaillierte bibliografische Daten sind im Internet über http://dnb.d-nb.de/ abrufbar.

Impressum:

Copyright © 2006 GRIN Verlag GmbH
Druck und Bindung: Books on Demand GmbH, Norderstedt Germany
ISBN: 978-3-640-12623-1

Dieses Buch bei GRIN:

http://www.grin.com/de/e-book/112162/oekologie-und-biodiversitaet-von-tiefland-und-bergregenwaeldern-schlussfolgerungen

Azenbergstr. 12
70174 Stuttgart

Hauptseminar Physische Geographie, WS 2005/06

Hauptseminararbeit:

Ökologie und Biodiversität von Tiefland- und Bergregenwäldern: Schlussfolgerungen zur Schutzwürdigkeit

Jörg Vogelmann
Geographie, M.A.

Inhaltsverzeichnis

Abbildungsverzeichnis

Tabellenverzeichnis

1 Einleitung

"Unter den verschiedenen tropischen Regenwaldformationen finden wir die strukturell komplexesten und reichhaltigsten Landökosysteme, die die Erde je trug " (WHITMORE 1993: 21). Diese beeindruckende Aussage des renommierten Regenwaldforschers T.C. WHITMORE geht allerdings einher mit der Tatsache, dass dieser Lebensraum zu den Waldflächen der Erde gehört, die am stärksten dem Raubbau und der Abholzung durch den Menschen zum Opfer fallen. Dabei hat die anthropogene Zerstörung der Regenwälder viele Ursachen. Ein Grund für die Vernichtung dieses Naturraumes ist sicherlich das starke Bevölkerungswachstum vor allem in den Entwicklungsländern, was zu einem immer stärkeren Bedarf an Anbau- und Siedlungsflächen und somit zum Zurückdrängen der Wälder besonders in den Tropen führt.

Dieser Trend und somit auch die Regenwaldzerstörung werden sich in den nächsten Jahrzehnten kaum abschwächen. Folglich ist die Menschheit zunehmend aufgefordert, Maßstäbe und Kriterien zu entwickeln, die Hilfestellung bei der Entscheidung geben können, welche Regenwaldstandorte schon aus eigenem Interesse der Menschen heraus unbedingt für die Zukunft erhalten werden müssen und welche man auf Grund der vielfältigen Interessen und Nutzungsansprüche der Bevölkerungen vielleicht eher der Veränderung preisgibt.

Die Frage, ob z.B. ein Bergregenwald oder ein Tieflandregenwald schützenswerter ist, ist zwar angesichts des immensen jährlichen Verlustes an tropischen Wäldern immer dringender zu beantworten, gehört aber auch gleichzeitig zu den umstrittensten in den Geo- und Biowissenschaften. Zwar kann man Kriterien wie Biodiversität oder Ökologievergleiche heranziehen oder die verschiedenen Nutzen der einzelnen Gebiete und Waldtypen für den Menschen abwägen, der Entscheidung wird aber letztendlich immer eine subjektive Bewertung dieser Kriterien vorausgehen.

Nichtsdestotrotz möchte sich diese Arbeit mit der genannten Frage der Schutzwürdigkeit von Tiefland- oder Gebirgsregenwäldern befassen. Nach der Klärung von Begriffen wie Tieflandregenwald und Bergregenwald werden Ökologie und Biodiversität der beiden Lebensräume theoretisch und empirisch dargestellt und miteinander verglichen. Nach der Einführung in den Begriff Schutzwürdigkeit wird dann untersucht, ob Biodiversität als Kriterium zur Beurteilung dieser dienen kann. Zuletzt sollen sich aus den durchgeführten Analysen zu Berg- und Tieflandregenwald subjektive Aussagen über die

Schutzwürdigkeit der behandelten Formationen ableiten lassen und im Fazit zu einer Gesamteinschätzung komprimiert werden. Am Schluss dieser Arbeit soll ein kurzer Ausblick zur zukünftigen Entwicklung der Regenwaldzerstörung und zu der Frage gegeben werden, wie die Bewahrung dieser schutzwürdigen Regenwaldgebiete gemäß neuer Ideen im Sinne eines "conservation management" aussehen könnte.

2 Grundlagen, Begriffsdefinitionen und Untersuchungsgegenstand

Der Pflanzenwuchs auf der Erde ist stark von den klimatischen Bedingungen abhängig. Demzufolge ähneln die Vegetationszonen der Erde sehr stark den Klimazonen. In den feuchten tropischen Klimaten mit - gemäß KÖPPEN - Monatsdurchschnittstemperaturen von mehr als 18°C in jedem Monat und Tageszeitenklima gedeihen die tropischen Feuchtwälder. Dabei herrschen in den Gebieten mit hohen Niederschlagsmengen von mindestens 100 mm pro Monat, also ohne ausgeprägte Trockenzeiten, die tropischen Regenwälder vor; bei längeren Trockenphasen gedeihen dagegen Monsunwälder, die nicht Gegenstand dieser Arbeit sind.

Somit lassen sich tropische Regenwälder in der Neotropis mit einer Fläche von vier Mio. Quadratkilometern, in den Osttropen (2,5 Mio. Quadratkilometer) und in Afrika (1,8 Mio. Quadratkilometer) finden. In der Ökozonalgliederung der Erde nach SCHULTZ (2000) entspricht die Fläche der immerfeuchten Tropen sehr gut der Vegetationszone des tropischen Regenwaldes (vgl. Abb.1), dessen Bezeichnung 1898 vom deutschen Botaniker SCHIMPER entwickelt wurde (WHITMORE 1990: 21). Eine Vegetationszone lässt sich durch bestimmte Vegetationsformationen - also Vegetationseinheiten - kennzeichnen, die sich durch einheitliche, *konvergente* Wuchs- und Lebensformen sowie Vegetationsstruktur, jedoch keineswegs durch identische Artenzusammensetzung, auszeichnen (SCHOLZ 1998: 53).

GRIESEBACH (1814-1879), einer der Begründer der Formationslehre, definierte in seinem berühmten folgenden Satz die geobotanische Formation wie folgt: "Ich möchte eine Gruppe von Pflanzen, die einen abgeschlossenen physiognomischen Charakter trägt, wie eine Wiese, ein Wald und dergleichen, eine pflanzengeographische Formation nennen" (GRIESEBACH 1838).

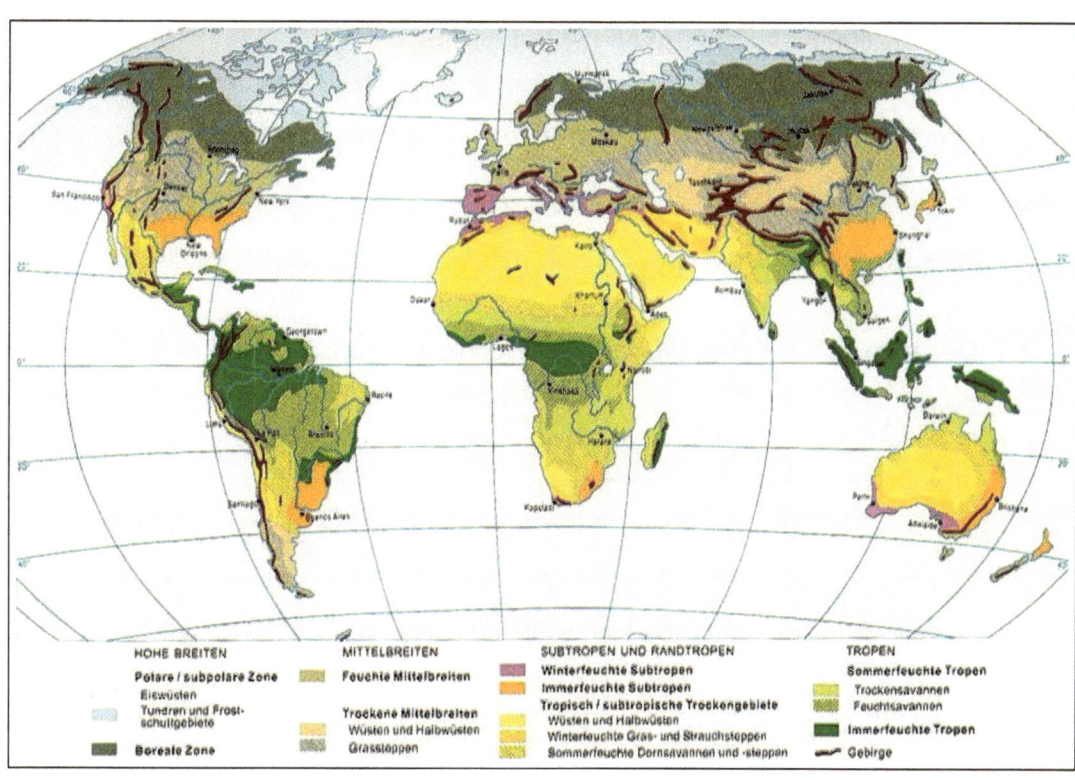

Abbildung 1. Ökozonale Gliederung der Erde. Die dunkelgrüne Farbe mit der Bezeichnung "immerfeuchte Tropen" korreliert sehr gut mit der Verbreitung der tropischen Regenwälder auf der Erde. Lediglich die isolierten Regenwaldvorkommen in Indien im Bereich der Westghats und in Nordostaustralien bleiben hier unberücksichtigt.
Quelle: SCHULTZ 2000: 33.

Gemäß den Weiterentwicklungen dieses Ansatzes durch ELLENBERG und MÜLLER-DUMBOIS lassen sich nun die Bezeichnungen Berg- und Tieflandregenwald deduzieren: Innerhalb der Formationsklasse *Dichtgeschlossene Wälder* gibt es die Formationsunterklasse vorwiegend *immergrüne Wälder*, wozu auch die Formationsgruppe *Feuchttropenwälder gehört* (zit. in KLINK 1998:82). Innerhalb der Formationsgruppe Feuchttropenwälder sind für diese Arbeit folgende Formationen in der Reihenfolge ihres Höhenvorkommens über N.N. relevant: *Tieflands-Feuchttropenwald, submontaner Feuchttropenwald* und *montaner Feuchttropenwald*. Der Einfachheit halber wird aber der Begriff (immergrüner) **Tieflandregenwald** synonym für den wissenschaftlich exakteren Begriff (immergrüner) Tieflands-Feuchttropenwald verwendet. Außerdem werden in dieser Arbeit submontaner Feuchttropenwald und montaner Feuchttropenwald aus technischen Gründen im Begriff *Berggregenwald* zusammengefasst.

Bei den in dieser Arbeit behandelten Berg- und Tieflandregenwäldern handelt es

3

sich also um tropische Regenwälder in perhumiden Klimaten ohne Trockenzeiten, die nach der Höhenlage unterteilt werden können und gemäß den verschiedenen abiotischen Bedingungen deutlich unterscheidbare Formationen und Lebensräume bilden.

3 Die Ökologie von Tiefland- und Gebirgsregenwäldern

3.1 Der tropische immergrüne Tieflandregenwald: Darstellung und Ökologie

Abbildung 2. Immergrüner Tieflandregenwald, Oberlauf des Rio Napo, Ecuador. Deutlich zu erkennen sind die Emergenten, die aus dem Kronendach herausragen.
Quelle: eigene Aufnahme, August 1997.

Der *tropische immergrüne Tieflandregenwald* ist die nach Biomasse und Wuchsleistung üppigste aller Pflanzengemeinschaften und kommt dabei von Meereshöhe bis in ungefähr 1200 m ü.M. auf Trockenstandorten vor (WHITMORE 1993: 26). Er setzt sich aus einem dichten Wald mit Wuchshöhen über 45 Metern und einer hohen Anzahl an verschiedenen Baumarten zusammen. Dabei treten die Individuen einer Art kaum in Gruppen (Konsoziationen) auf, meist stehen nur ein bis drei Exemplare ein und derselben Baumart auf einem Hektar Wald (KLINK 1998: 233).

Der immergrüne Tieflandregenwald weist grob vereinfacht drei Kronenstockwerke sowie eine Strauch- und Krautschicht auf (vgl. Abb. 4). Allerdings zeigt sich, auch auf

4

Grund seines Artenreichtums, die deutliche Schichtung nicht so stark ausgeprägt wie in den artenärmeren halbimmergrünen Tieflandregenwäldern; generell ist die Frage, ob Stockwerke im Regenwald unterschieden werden sollen, in der Wissenschaft umstritten.

Viele Autoren jedoch sehen es als ein wichtiges Merkmal des Tieflandregenwaldes an, dass vereinzelt oder in Gruppen auftretende "Urwaldriesen" (Emergenten) das Kronendach des übrigen Bestandes deutlich überragen und Höhen von bis zu 70 Metern und mehr erreichen (vgl. Abbildung. 2 und 3). Ihre Stämme verzweigen sich meist erst im oberen Drittel und stützen sich oft durch mächtige Brettwurzeln ab.

Abbildung 3. Kapokbäume (Ceiba pentandra) als häufigste und größte Emergenten des Amazonasregenwaldes überragen das Kronendach
Quelle: WHITMORE 1993: 17.

Anschließend folgt der 24 bis 40 Meter hohe Kronenraum der Mittelschicht, die ihrerseits niedrigere Bäume überragt. Bodenvegetation ist meist nur spärlich aus Jungwuchs der Bäume und wenigen Kräutern vorhanden, da kaum mehr als 1 Prozent der Sonnenstrahlung am Boden ankommt. Der Untergrund ist von den auf der Oberfläche entlanglaufenden Wurzelsystemen der Bäume dominiert, das die Nährstoffe der organischen Substanz über dem ausgelaugten Mutterboden oberflächennah aufnimmt und den lebenden Pflanzen wieder zuführt (KLINK 1998: 234). Die Baumriesen des Regenwaldes sind deshalb extreme Flachwurzler, deren Wurzelmasse sich bis zu 80 % in den obersten 30 bis 40 cm des Bodens befindet (SCHOLZ 1998: 49).

Viele Stämme im Tieflandregenwald tragen Stützen und Phänomene wie Kauliflorie - also Stammblütigkeit - oder Ramiflorie (Astblütigkeit) treten gehäuft auf, wobei eine gemeinsame Blütezeit oder Laubabwurfszeit nicht existiert. Häufig findet man die Ausbildung von Träufelspitzen an den Blättern und als Blattart dominieren Fiederblätter bei mittleren Blattflächengrößen. Kletterpflanzen sind teils aspektbestimmend, Epiphyten mäßig bis häufig vorkommend, jedoch herrscht ein nur geringes Aufkommen an Moosen.

Abbildung 4. Stockwerksbau und Nährstoffkreislauf im tropischen Regenwald
Quelle: SCHOLZ 1998: II.

3.2 Der tropische immergrüne Bergregenwald: Darstellung und Ökologie

Tropischer Bergregenwald reicht von ca. 1200 m bis 2600 m ü.M. bis der subalpine Wald beginnt (je nach Standort variieren die Grenzen teils stark). In Afrika sind Bergregenwälder nur gering verbreitet.

Im Gegensatz zum Tieflandregenwald ist der Bergregenwald gleichmäßiger im Aufbau und es herrschen mikrophylle Blattgrößen vor. Die im Tiefland aufgeheizte Luft steigt täglich an den Bergen empor und kühlt sich bis zum Taupunkt ab, wo sich oftmals eine Wolkenschicht bildet. Die dadurch reduzierte Sonnenenergie trägt zu einer verminderten Produktivität der Pflanzen merklich bei (TERBORGH 1993:23). Somit kennzeichnen einen Bergregenwald geringere Stammdurchmesser und schlankere, knorrige Bäume mit dichten Unterkronen (WHITMORE 1993: 30). Die Wuchshöhe variiert zwischen 1,5 und 18, maximal 30 Metern (vgl. Abbildung 5 und 6). Die Bäume sind oft dicht und schwer mit Bryophyten, vor allem Lebermoosen oder Kleinfarnen beladen: die organische Auflage kann auf Ästen 15-25cm Mächtigkeit erreichen (HOBOHM 2000: 120), weshalb er an manchen Standorten auch als Mooswald bezeichnet wird (vgl. Abb. 7), teils erfolgt auch Torf-

Abbildung 5. Tropischer Bergregenwald, Monteverde, Costa Rica.

Quelle: eigene Aufnahme, August 2004.

Abbildung 6. Der Bergregenwald weist geringere Stammdurchmesser und Wuchshöhen auf als der Tieflandregenwald. Die Person u. l. kann als Maßstab dienen. Monteverde, Costa Rica.
Quelle: SCHOLZ 1998: II.

bildung. Vor allem epiphytische Orchideen und Bromelien treten ebenfalls gehäuft auf (vgl. Abb. 8) (KLINK 1998: 17). Die Tier- und Pflanzenwelt ändert sich vom Tieflandregenwald ausgehend bereits oberhalb von 900 m drastisch.

Abbildung 7. Der dicke Bewuchs von Stämmen und Ästen mit Bryophyten und Farnen kennzeichnet u. a. die Formation als Bergregenwald; Monteverde, Costa Rica.

Quelle: eigene Aufnahme, August 2004.

Abbildung 8. Ein weiteres Kennzeichen des Bergregenwaldes ist das ungeheure Epiphytenaufkommen, hier Bromeliaceen. Bergregenwald des atlantischen Küstengebirges Brasiliens, nördlich von Curitiba.
Quelle: Eigene Aufnahme, August 2001.

3.3 Formations- und Ökologie-Vergleich der beiden Formationen tropischer Bergregenwald und Tieflandregenwald

3.3.1 Physiognomische Merkmale und Biomasseproduktion

Während tropische Tieflandregenwälder Bestandshöhen von 25 bis 45 Meter erreichen, sind Bergregenwälder in ihrer Wuchshöhe deutlich kleinwüchsiger. Wie auch SCHNEIDER bestätigt, nimmt die Baumhöhe mit zunehmender Höhe über N.N. ab (2001: 257). Im Tieflandregenwald sind die Emergenten mit Wuchshöhen von bis zu 80 Metern eines der Charakteristika dieser Formation, dagegen fehlen diese im Bergregenwald gewöhnlich gänzlich oder erreichen allenfalls Höhen bis maximal 30 Meter. Diese Unterschiede in Stockwerksbau, Höhe und Anzahl der Bäume sowie Biodiversität veranschaulicht nochmals Tabelle 1.

	Dipterocarp forest (450 m)	Mid-mountain forest (700 m)	Mossy forest (1020 m)
Heigth of tallest tree (m)	36	22	10
Number of tree storeys	3	2	1
Average height of storeys	27, 16 10	17, 4	6
Number of individuals of woody plants over 2 m high	353	539	610
Number of species of woody plants over 2 m high	92	70	21

Tabelle 1. Vergleich eines Tieflandregenwaldes (Dipterocarp forest), einer Zwischenstufe und eines Moos- bzw. Bergregenwaldes (Mossy forest) in ihren physiognomisch-strukturellen Eigenschaften am Mt. Makiling, Philippinen. Quelle: RICHARDS 1996: 434.

Auch in den vorherrschenden Blattformen und Blattarten unterscheiden sich die beiden Formationen deutlich. Die im Tieflandregenwald häufig auftretenden Fiederblätter sind im montanen Regenwald sehr selten. In den Bergen dominieren mikrophylle Blattgrößen (2-20 cm²), wohingegen im Tieflandregewald *mesophylle* Größen (20-180 cm²) vorherrschen. Stütz- oder Brettwurzeln und Träufelspitzen an den Blättern sind ebenfalls charakteristische Kennzeichen des Tieflandbestandes, aber, wie auch die dort häufig vorkommende Kauliflorie, gewöhnlich in Bergregenwäldern kaum noch zu finden. Die Bergformation ist dagegen vor allem durch ihr hohes Bryophytenvorkommen geprägt, das dieser Waldformation eine deutlich höhere Wasserpufferungsfähigkeit nach tropischen Starkregen im Gegensatz zu den Tieflandwäldern verleiht und somit der Erosion an den Gebirgshängen und Überflutungen im Tiefland entgegenwirkt (vgl. Kapitel 5.3.2). Produktionsmessungen von tropischen Regenwäldern ergaben die größten Biomassen pro Fläche weltweit (HOBOHM 2000: 117). Für montane Regenwälder allerdings maß man meist gering niedrigere Phytomassen und Streumengen als in den Tieflandregenwäldern. In den Gesamtstreufall-Messungen einiger tropischer Wälder nach BRUIJNZEEL 1982 (zit. in WALTER & BRECKLE 1982: 60, verändert) betrug für sieben Tieflandregenwälder die Gesamtstreu-Produktion im Mittel 8,3 Tonnen pro Hektar und Jahr, das Mittel für die beiden Bergregenwälder dagegen ergab 6,8 Tonnen pro Hektar und Jahr, also eine um 18% geringere Gesamtstreu-Produktion. Der Vergleich der Biomassen von zwei Bergregenwäldern durch WHITMORE mit dem Mittel der Biomassen primärer Tieflandregenwälder von 400 Tonnen pro Hektar ergibt für die Bergregenwälder ebenfalls eine um ca. 14% geringere Biomasse (1993: 171). Somit kann von einer geringeren Biomasse- und Gesamtstreumasseproduktion im Bergregenwald ausgegangen werden. Dies wird auch durch Zahlen von RICHARDS bestätigt, die für den Tieflandregenwald als Holzvolumen 400 bis 600 m^3 pro Hektar und für den Bergregenwald 200 m^3 pro Hektar Fläche angeben (1996: 444). Die andere Physiognomie des Bergregenwaldes ist im Vergleich zum Tiefland vor allem auch auf klimatische Faktoren zurückzuführen: Sein Wachstum wird von niedrigeren Temperaturen, unregelmäßigeren Niederschlägen, geringerer Verdunstung, teils kräftigen Winden und auf Grund häufiger Wolkenbildung und Nieselregen verminderter Sonnenenergie geprägt (COLLINS 1990:15). Dabei schließen z.B. viele Pflanzen bei stärkerem Wind die Stomata, was sich ungünstig auf die Photosynthese auswirkt und somit ebenfalls die geringeren Produktionsleistungen des Bergregenwaldes erklären könnte (WALTER 1986: 160). Fäulnisprozesse und Wachstum laufen im Bergregenwald folglich viel langsamer ab als im Tiefland; Torfbildung ist ebenfalls eher ein Phänomen der Bergregenwälder (ausgenommen sind hier die Sumpf- und Moorwälder des Tieflands).

3.3.2 Nährstoffkreisläufe

An vielen Standorten des Tieflandregenwaldes liegt das fast gesamte Nährstoffkapital, ca. 60 bis 80%, in seiner Phytomasse und befindet sich in stetigem Kreislauf zwischen Auf- und Abbau, da der lösliche Mineralsalzgehalt der meisten tropischen Böden im Tiefland äußerst gering ist (KLINK 1998: 234). Ein dichtes Geflecht an Pilzen, das die Wurzeln der Bäume umhüllt oder teilweise in die Wurzelzellen einwächst (Mykorrhizageflecht), fungiert als "Nährstofffalle", welche die Ionen, vor allem Phosphor, für die Pflanze verfügbar macht. Auch WALTER & BRECKLE schreiben, dass der gesamte Vorrat an Nährstoffelementen im Tieflandregenwald in der lebenden Biomasse gespeichert ist bzw. zirkuliert (WALTER & BRECKLE 1984: 14). Somit erfolgt nach Rodung und folglich Auswaschung eine drastische Verringerung des ökologischen Potentials.

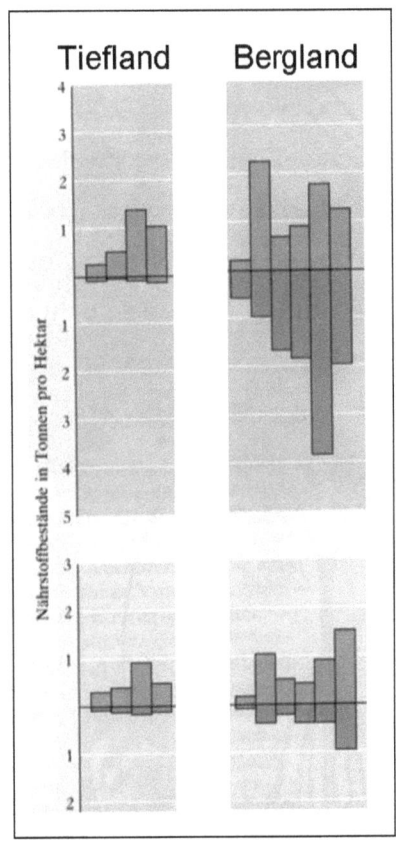

Abbildung 9. Die Verteilung von Calcium (oben) und Kalium (unten) über (grüne Säulen) und unter (braune Säulen) der Erdoberfläche in Tiefland- und in Bergregenwäldern. Der oberirdische Anteil sind jene Mineralstoffe, die im lebenden und sich zersetzenden pflanzlichen Material enthalten sind; die unterirdische Fraktion repräsentiert die im Boden vorhandenen Mineralien.
Quelle: TERBORGH 1993: 47.

Demgegenüber scheint der Bergregenwald nach Untersuchungen von TERBORGH über mehr Calcium, Kalium und Magnesium im Boden zu verfügen (vgl. Abb. 9) (Mg^{2+} wurde in anderen Untersuchungen nachgewiesen, z.B. in WHITMORE 1993: 170). Dies mag auch daran liegen, dass bei niedrigeren Durchschnittstemperaturen auf Grund der Höhe über N.N. die Verwitterung langsamer voranschreitet; somit ist auch die Auswaschungsrate niedriger, da die Mineralstoffe bei niedrigen Temperaturen weniger gut löslich sind. TERBORGH stellt fest, dass Calcium und Kalium (sowie Magnesium) in regenreichen tropischen Tieflandwäldern knapp und im wesentlichen in der oberirdischen Biomasse enthalten sind, Bergwälder dagegen sowohl ober- als auch unterirdisch gar besser mit Calcium und Kalium ausgestattet sind als die Laub- und Nadelwälder der gemäßigten Breiten (1993:47). Andere Autoren wie WHITMORE betonen jedoch, dass dieser Zusammenhang wohl nur in Brasilien zutreffend und kein genereller Sachverhalt für tropische Regenwälder sei (1993: 170). RICHARDS weist auf die Immobilität des Stickstoffs in der Pedosphäre von Bergregenwäldern hin, da dieser in der enormen organischen Masse des Bodens fest gebunden und somit nicht für die Pflanzen nicht verwertbar ist (1996: 273). Während hingegen in Tieflandregenwäldern die Wiederaufnahme von Phosphor in den Nährstoffkreislauf kaum

stattzufinden scheint und somit sich dieser Nährstoff begrenzend auf das Wachstum auswirkt, scheint folglich im Falle der Bergregenwälder der Stickstoff der limitierende Faktor
zu sein (WHITMORE 1993: 173).

Generell lässt sich jedoch feststellen, dass an vielen Standorten jegliche klare Beziehung zwischen Bodenfruchtbarkeit und Biomasse des Waldes fehlt, was die Existenz
wirksamer Nährstoffkreisläufe nochmals bestätigt.

3.3.3 Die Ökologie der Böden im Tiefland- und Bergregenwald

Vor allem die niedrigen Temperaturen verlangsamen im Vergleich zum Tiefland im Bergregenwald anorganische Reaktionen bei der Mineralverwitterung sowie den mikrobi-
ellen Abbau organischen Materials. Somit zeigen Böden im Bergland oft eine stärkere
Vergleyung, schwächere Verwitterung und sind auf Grund der höheren Niederschläge
stärker ausgelaugt. Sie weisen aber höhere organische Anteile und somit dunklere Far-
ben auf (RICHARDS 1996: 272).

Aufgrund der höheren Temperatur herrscht im Tieflandregenwald dagegen - zumindest nachgewiesen in Kolumbien - bis zu einer Höhe von 1500 Metern die Ferrallitisa-
tion mit Desilifizierung vor. Die Ausbildung eines Humushorizonts kommt nicht zustande,
die anfallende Streu wird binnen vier bis zwölf Monaten vor allem auch durch Termiten
abgebaut. In größeren Höhen erfolgt dagegen eine zunehmende Anreicherung einer
Humusschicht bis zur Waldgrenze, der Zersetzungsprozess der anaeroben und durchnäss-
ten Streu in Bergregenwäldern geschieht hier vor allem durch Regenwürmer und ist bei
Untersuchungen von WHITMORE (1993: 174) ca. um 40% langsamer, teils erfolgt gar in
zunehmendem Maße Torfbildung. Gleichzeitig versauert der Boden im Bergregenwald
oftmals stärker, Al_2O_3 wird mobilisiert und es bilden sich Ferrisole bei beginnender Podso-
lierung (WALTER & BRECKLE 1984: 68).

Generell lässt sich aber feststellen, dass Bergregenwälder, die ja auf steilerem Gelände wachsen und deren Böden durch Erosion ständig verjüngt werden bzw. auf diese Wei-
se flachgründig bleiben, meist nährstoffreicher sind. Sofern das Ausgangsmaterial nicht
sehr nährstoffarm ist, werden aus dem im Wurzelbereich liegenden verwitternden Fels
ständig neue Nährstoffe in das Ökosystem eingetragen. Diese Dynamik fehlt Tieflandregenwäldern auf flachem Terrain und tiefgründigen Böden in der Regel, da das Wurzelni-
veau oberhalb der Bodenschichten mit Kontakt zum C-Horizont endet und von Nährstoff-

anreicherungen somit abgeschnitten ist (WHITMORE 1993: 173).

Man kann also in den beiden Ökosystemen durchaus von unterschiedlichen Bodenverhältnissen sprechen, vor allem über die Konsequenzen für die Vegetation lassen sich jedoch nur schwer verallgemeinernde Aussagen treffen. In Amazonien z.B. stehen manche sehr artenreiche Wälder auf den ärmsten Böden (SCHOLZ 1998: 57). Dennoch weisen BECK und HOHENSTEIN z.B. auf den Zusammenhang hin, dass "marked changes (in soil types in the different altitudes) coincide with changes in the vegetation" (2001: 6).

4 Biodiversität von Berg- und Tieflandregenwäldern

4.1 Überblick: Was ist Biodiversität? Theoretische Grundlagen.

Der Begriff *Biodiversität* kommt von *Bios* (griech. das Leben) und *Diversitas* (lat. die Vielfalt, Verschiedenheit), bedeutet also in etwa die "Vielfalt des Lebendigen". Heute wird der Begriff allerdings weiter gefasst, wie sich in der Definition der International Conference on Biological Physics 1992 zeigt: "Biodiversity ist the total variety of life on earth. It includes all genes, species and ecosystems and the ecological processes of which they are part"HOBOHM 2000: 5).

Die Erforschung der Ungleichverteilung von Pflanzen- und Tierarten in Zeit und Raum gilt als einer der zentralen Aspekte sowohl in der Evolutionskunde als auch in der Ökologie und in der Biogeographie (WALTER 1986: 9f., zit. in HOBOHM 2000: 4). Dabei gibt es bislang kaum eine Erklärung für die Tatsache, dass in bestimmten Ökosystemen innerhalb einer Region oder einer Landschaft sehr viele Arten koexistieren, in anderen dagegen nur sehr wenige. Um das Bild der Diversität erklären zu können, sind weitere Fragen zu beantworten, die die Möglichkeit, Wahrscheinlichkeit, Häufigkeit der Artbildung und wanderungsgeschichtliche Aspekte betreffen (HOBOHM 2000:5). Diese Arbeit behandelt auch deshalb die Biodiversität so ausführlich, da bisherige Erhaltungsbemühungen von bedrohten Arten und Lebensräumen bis jetzt einem ganzheitlichen, auf die Erhaltung der Lebensgemeinschaft mit all ihren Mitgliedern zielenden Schutz meist nicht gerecht werden konnten. Dazu muss erst noch ein umfassendes Verständnis der Biodiversität entwickelt werden.

Aus der großen Menge an Begriffen und Theoremen sollen hier nur die wichtigsten, für diese Arbeit relevanten, aufgeführt werden:

- Die **Artendichte**, also die Artenzahl pro Fläche, wird teils synonym mit dem Begriff Artenvielfalt verwendet.

- Die α-**Diversität**: gibt den Artenreichtum eines Bestandes oder einer Gesellschaft an ("richness of the community in number of species") (WHITTAKER 1972: 221, zit. in HOBOHM 2000: 6). Der α-Wert ermöglicht also einen direkten Vergleich der Artendichte von unterschiedlich großen Gebieten, ist also ein Maß für die Artendichte pro Fläche. Er ist positiv, wenn viele Arten auf engem Raum leben und negativ, wenn wenige Arten zusammen viel Platz haben. Kolumbien ist mit einem $alpha$-Wert von 0,91-0,93 vor Brasilien das Land mit der größten Dichte einheimischer Pflanzenarten, Deutschland nimmt in der Rangliste mit einem α-Wert von -0,20 bis -0,21 den 69. Platz von 97. aufgeführten Staaten ein (HOBOHM 2000: 41).

- Die **Habitat-Diversität** wird vor allem bei der Betrachtung des Bergregenwaldes in dieser Arbeit wichtig sein. Ein Acker z.B. mit nur einer Pflanzenart, aber verschiedenen Feuchtestufen wird verschiedene Habitate in sich vereinen. Die Habitat-Diversität bezieht sich also auf die standörtliche Komplexität und somit auf die geologische, geomorphologische, hydrologische, klimatische, verallgemeinert auf die gesamte räumliche Vielfalt abiotischer Faktoren (HOBOHM 2000: 6). Ein für die Habitatsvielfalt guter Indikator ist die Höhenerstreckung eines Gebietes in Metern zum Quadrat (h^2). Somit dürfte der Bergregenwald eine deutlich höhere Habitat-Diversität als der Tieflandregenwald aufweisen.

  Sowohl für die Erhaltung als auch die Evolution endemischer Arten ist eine reiche Habitat-Diversität förderlich (HEDRYCH 1982: 339, zit. in HOBOHM 2000: 134), da durch den größeren Nischenreichtum Arten z.B. Konkurrenz vermeiden können (Konkurrenzausschlussprinzip).

4.2 Theoretische Deduktionen zur Biodiversität von Berg- und Tieflandregenwäldern

Betrachtet man die Biodiversität eines Raumes, so ist die Artenzusammensetzung einerseits auf die ökologischen Rahmenbedingungen, andererseits aber auch auf die Geschichte und Biologie der Einwanderung von Arten zurückzuführen (HOBOHM 2000: 49). Dabei gibt es gute Gründe für die Annahme, dass unter konstanten klimatischen Bedingungen die Artenvielfalt durch Zuwanderung und Radiationen kontinuierlich anwächst, dass umgekehrt aber auch Klimawechsel oder Katastrophen die Artenvielfalt einer Region schlagartig vernichten können und der Prozess der Zuwanderung und Artbildung dann erneut beginnt. Dabei hat sich gezeigt, dass z.B. auf einigen Inseln im Indischen Ozean auch nach einigen Jahrmillionen sich noch kein Gleichgewicht eingestellt hat und die Artenvielfalt immer noch zunimmt, wobei Endemismus und Artenvielfalt in positiver Beziehung zueinander stehen (HOBOHM 2000: 133).

Somit ist die rezente Artenvielfalt in den tropischen, immergrünen Berg- und Tieflandregenwäldern wohl *einerseits* Ergebnis der relativen Konstanz ökologischer Rahmenbedingungen ("stability-time hypothesis") und dadurch neu entstandener adaptiver Radiationen, also genetischer Aufspaltungen. Zudem sind in den feuchten Tropen keine physiologischen Ruhephasen der Arten notwendig, die Evolution kann somit zusätzlich schneller ablaufen. Es wurde also festgestellt, dass alte Lebensräume mit gleichartig gebliebenen Milieubedingungen und geringen Schwankungen in den Jahres- und Tagesgängen der ökologischen Faktoren oft artenreicher und stabiler als junge Lebensräume sind (*drittes biocoenotisches Grundprinzip* nach FRANZ 1952/1953: 38, 41f., zit. in HOBOHM 2000: 136).

Somit kann die Artenvielfalt der tropischen Regenwälder nur in langen Zeiträumen entstanden sein kann. Des weiteren lässt sich aus diesem Prinzip deduzieren, dass Bergregenwälder, die weitaus größeren Schwankungen in Jahres- und Tagesgängen der ökologischen Faktoren unterliegen, geringere Artenzahlen aufweisen als die Tieflandregenwälder der feuchten Tropen mit ihren sehr geringen Licht-, Nährstoff- und Temperaturfluktuationen. In diesem Sinne ließe sich auch erklären, warum jene tropischen Regenwälder deutlich ärmer an höheren Pflanzenarten sind, für die eine ausgeprägte Trockenzeit existiert, in der ein stärkerer Laubfall und somit eine Nährstoff- und Feuchteschwankung existiert (WHITMORE 1993: 21f.).

Anmerkung: Allerdings sei hier auch angemerkt, dass dieser Auffassung entgegengesetzte Thesen, wonach klimatische oder andere drastische Veränderungen in den ökologischen Rahmenbedingungen durchaus positive Effekte auf die Artenvielfalt eines Raumes haben können, von manchen Forschen ebenso vertreten werden.

Es zeigt sich jedoch in der jüngsten Forschung auch, dass die oben angeführte Konstanz der Ökosysteme im Falle des tropischen Regenwaldes in vielen, ja sogar den meisten Gebieten keinesfalls gegeben war. Somit muss also *andererseits* die Zuwanderung von Arten einen entscheidenden Beitrag zur heutigen Biodiversität geleistet haben.

In diesem Zusammenhang könnte der Artenreichtum der Regenwälder somit auch mit den pleistozänen Refugien zusammenhängen. Diese refuge theory oder Rückzugstheorie gilt heute allenfalls noch im Bereich Südostasiens als umstritten, da es dort z.B. nach SCHULTZ im Pleistozän auf Grund der eustatischen Meeresspiegelabsenkung anstatt einer Separation der Bestände wohl zu einer weitreichenden Verbindung zwischen den heute durch die SUNDA und SAHUL Schelfmeere getrennten Inseln kam (2000: 496f.).

Für das amazonische Tiefland jedoch sind im Pleistozän verschiedene eiszeitliche und nacheiszeitliche, kühl-trockene Klimaphasen mit ausgedehnter Savannenbildung (z.B. zw. 5000 und 2300 v. Chr.) nachgewiesen, während derer es zur räumlichen Zersplitterung der Regenwaldareale in isolierte Restvorkommen kam. Innerhalb dieser Refugien entwickelten die Populationen Eigendynamiken mit möglicherweise neuen Artbildungen und von dort begann im Folgenden die holozäne erneute Regenwaldausbreitung und Gebietszusammenführung (vgl. Abb.10). Die pleistozänen Refugien zeigen sich (wohl meist im Tieflandregenwald) auch heute noch als Inseln auffallender Artenvielfalt, die von weniger artenreichen Gebieten umgeben sind (SCHOLZ 1998: 68). Für die Entscheidung über die Schutzwürdigkeit von Gebieten oder in diesem Sinne eine Ausweisung von Nationalparks ist deshalb die exakte Kenntnis dieser hot spots der Biodiersität extrem wichtig (vgl. Kapitel 5.3.6).

Kurz aufgegriffen werden soll hier noch das Phänomen der Zunahme der Artenzahlen mit der Abnahme der geographischen Breite, also von den Polen zum Äquator hin, das schon durch Wallace 1878 beschrieben wurde (HOBOHM 2000: 144). Diese Tatsache lässt auch andere Vermutungen über die Entstehung der Artenvielfalt der Berg- und Tieflandregenwälder zu: Untersuchungen deuten darauf hin, dass der Artenreichtum der Bäume eines Gebiets mit dem Wasser und Energieumsatz, also der gemessenen Netto-Primärproduktion an Biomasse oder der Evapotranspiration in mm, positiv korrelieren könnte (HOBOHM 2000: 145 und SCHULTZ 2000: 513). Da sowohl Primärproduktion als auch Evapotranspiration im Tieflandregenwald höher sind als im Bergregenwald, unterstützt auch dieser Ansatz die Vermutung einer höheren Artenvielfalt im Tieflandregen-

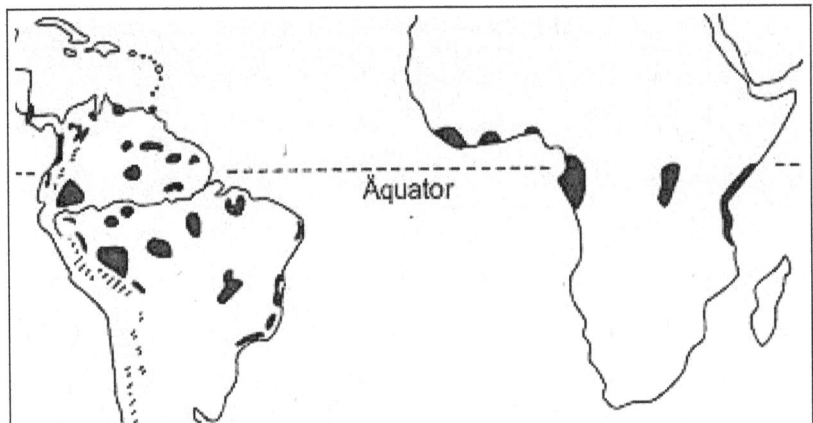

Abbildung 10. Pleistozäne Refugien tropischer Regenwälder während der Weichsel/Wisconsin-Eiszeit in Südamerika und Afrika. Die Rekonstruktion der damals verbliebenen Teilstücke fußt auf den Endemitenzentren innerhalb der heutigen Regenwaldgebiete sowie auf Vorkommen von xerophytischen Pflanzen als Relikte aus trockeneren Klimaperioden zwischen diesen Zentren. Quelle: SCHULTZ 2000: 496.

wald. HOBOHMS Fazit, dass "viel Licht, hinreichend Wasser (...) (und wohl gleich bleibende abiotische Verhältnisse) die ökologischen Bedingungen (sind), unter denen weltweit hohe Artendichten innerhalb der Habitate entstehen können" (HOBOHM 2000:149), trifft somit - auch nach den ökologischen Untersuchungen dieser Arbeit - stärker auf Tieflandregenwälder als auf Bergregenwälder zu und lässt folglich dort eine höhere Artenvielfalt erwarten.

Angesichts der Vermutungen aus den theoretischen Kapiteln 4.1 und 4.2 kann wohl eine höhere *alpha*-Diversität für die Tieflandregenwälder abgeleitet werden, wohingegen Bergregenwälder ggf. eine höhere Habitat-Diversität aufweisen. Dies sind aber wie gesagt lediglich noch unbewiesene Deduktionen aus den verschiedenen Theorien.

4.3 Empirische Ergebnisse

4.3.1 Überblick

Abbildung 11 veranschaulicht sehr eindrucksvoll, dass die feuchten Tropen und somit auch die tropischen Regenwälder zu den Gebieten mit der höchsten Artenzahl an Gefäßpflanzen, ja an Arten überhaupt gehören. Von der globalen Biodiversität sind heute weltweit nur etwa 1,8 Mio. der insgesamt geschätzten 10 bis 30 Mio. Arten wissenschaftlich erfasst. Geht man nun davon aus, dass die tropischen Regenwälder - obwohl sie von der Fläche her nur 7% des gesamten Festlandes der Welt bedecken - 60-80% der Arten auf unserem Globus beherbergen, so wird das enorme biologische Potential dieser Ökosysteme deutlich (SZARZYNSKI 2000: 2).

Mehr als ein Drittel aller heute bekannten Pflanzenarten gehören zur Flora tropischer Regenwälder (SCHULTZ 2000: 496). Etwa 85000 Arten höherer Pflanzen kommen in der tropischen Region Amerikas vor. Afrika ist mit 35000 Arten etwas ärmer; 8500 Arten höherer Pflanzen existieren auf Madagaskar und 40000 im tropischen Asien (HOBOHM 2000: 120). Zum Vergleich: Ganz Mitteleuropa weist dagegen nur ca. 3000 verschiedene Pflanzenspezies auf.

In den Floren tropischer Regenwälder sind Pionierarten deutlich seltener als Klimaxarten (WHITMORE 1993: 142); Individuen einer Art stehen dabei nicht dicht beieinander, da dies eine Art Abwehrtechnik bezüglich hochspezifischer Schädlinge wie Pilze und Insekten oder Krankheitserregern bedeutet (HOBOHM 2000: 121). Im Schnitt ist deshalb jede Baumart im tropischen Regenwald nur ein bis zweimal pro Hektar vertreten (SCHULTZ 2000: 497). So hat man auf einem Hektar Tieflandregenwald in Nordostperu 580 Baumexemplare mit Stammdurchmessern von mehr als 10 cm gezählt, die 283 verschiedenen Arten angehörten.

Die Fauna des tropischen Regenwaldes, speziell Insektenarten, übertrifft die Anzahl an Pflanzenarten gewöhnlich noch um vieles (RICHARDS 1996: 289). So weist z.B. der 108 km² große Nationalpark Santa Rosa in Costa Rica 13000 Insektenarten und 4000 Vertebratenarten gegenüber nur etwa 700 Pflanzenarten auf. Ebenso wurden auf nur 10 Regenwaldbäumen in Borneo beispielsweise 3000 Insektenarten gezählt (SCHULTZ 2000: 513). Auch bei den Tierarten kommen viele Spezies mit jeweils nur wenigen Individuen vor. Ein hoher Prozentsatz der Tierarten ist nacht- und dämmerungsaktiv, Mimese (Tarntrachten) und Mimikry (Warntrachten) oder bizarre Gestalt und Farbenpracht sind als Phänomene vor allem bei Insekten weit verbreitet. Die meisten Tiere leben in der an Nahrungsangebot (z.B. Früchten) reichhaltigen Baumschicht, die spärliche Bodenflora kann dagegen nur wenigen Herbivoren ausreichend Nahrung bieten (SCHULTZ 2000: 512f.). Nur 2-3% des Pflanzenwuchses der tropischen Regenwälder jedoch gelangen in Tiermägen, in Savannen dagegen können es 50% sein. Vor allem die Gruppen der Reptilien und Amphibien, Invertebraten und Bodenfauna verzeichnen eine hohe Artenvielfalt. Säuger sind zwar im Vergleich zu anderen Ökozonen relativ wenig vertreten, dennoch betont BOURLIÈRE "the high species richness of rainforest mammals" (1989: 164).

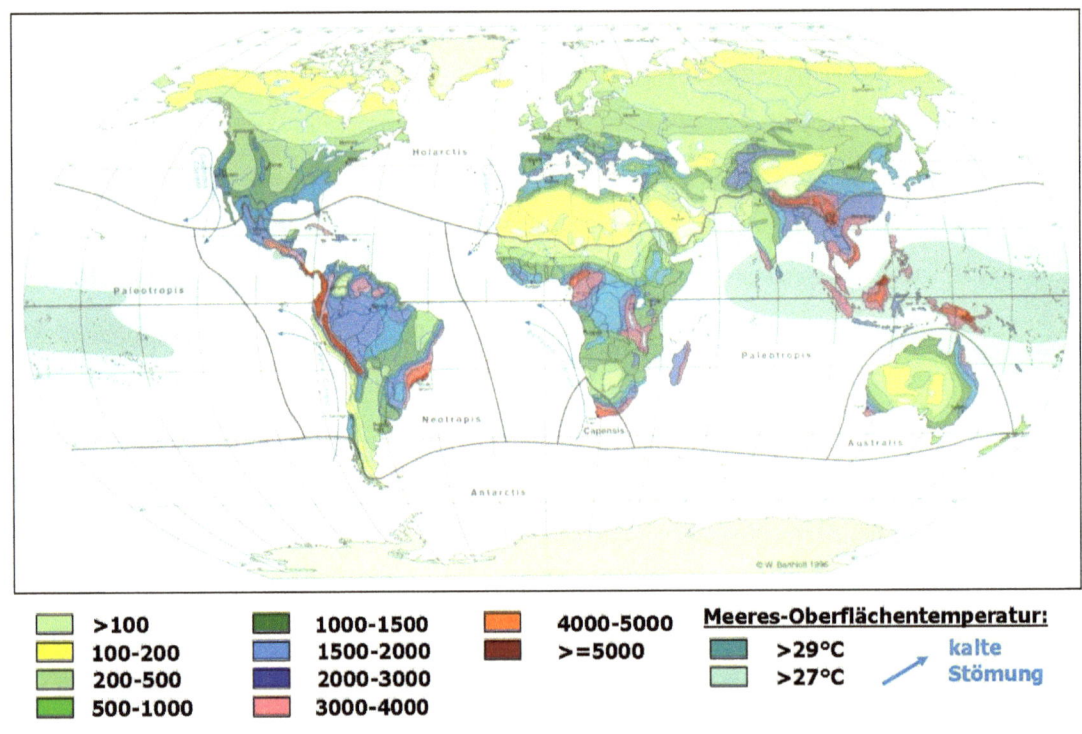

>100	1000-1500	4000-5000	Meeres-Oberflächentemperatur:
100-200	1500-2000	>=5000	>29°C	kalte
200-500	2000-3000		>27°C	Stömung
500-1000	3000-4000			

Abbildung 11. Die globale Biodiversität: Artenzahlen von Gefäßpflanzen. Ebenfalls eingezeichnet sind die aus biologischer Verwandtschaft abgeleiteten Bioreiche der Welt.
Quelle: BARTHLOTT, LAUER, PLACKE 1996: 321.

Dieser große Artenreichtum der Tierwelt hat seine Wurzeln in der floristischen Vielfalt der Regenwälder, die außerdem durch die beachtlichen Wuchshöhen den potentiellen Lebensraum für Tiere in der vertikalen Dimension vergrößern. Insgesamt sind die Zoomassen aber im Vergleich zu der Phytomasse der Wälder äußerst gering (vgl. Tabelle 2).

	Herbivore	Carnivore	Bodenfauna	Ges. Zoomasse in % der Phytomasse
Amazonas	30	15	165	0,04

Tabelle 2. Zoomasse in einem Amazonasregenwald in kg pro ha;
Quelle: FITTAKU u. KLINGE 1973, zit. in SCHULTZ 2000: 516.

4.3.2 Die Artenvielfalt von Berg- und Tieflandregenwäldern: Empirische Ergebnisse und Forschungsdebatte

Der Bergregenwald zeigt ein durchaus anderes Artenspektrum auf als der Tieflandregenwald, was auch durch den Temperaturgradienten bei zunehmender Höhe mitbestimmt wird. Bei manchen Tieflandarten wird bereits bei Temperaturen von um die 20°C die Proteinsynthese gestört. So wächst z.B. der Emergent Ceiba pentandra, der Kapok-Baum, schon bei 15°C kaum mehr. In den oberen Höhenstufen werden somit Wärme liebende Arten wie beispielsweise der Balsabaum im Konkurrenzkampf des Regenwaldes durch kälteresistentere Arten verdrängt (WALTER u. BRECKLE 1984: 68) und es kommt zu einer deutlichen Zonierung des Artenvorkommens am Berg; viele Pflanzen- und eventuell auch Tierfamilien spezialisieren sich auf bestimmte Höhenstufen.

Des Weiteren stellen Bergregenwälder ein besonderes Habitat für epiphytische Gefäß- und Nichtgefäßpflanzen wie z.B. Orchideen dar (WHITMORE 1993: 30). WALTER und BRECKLE sprechen gar von einem Epiphytenreichtum an Farnen, Bryophyten, Bromeliaceen und Orchideen, der im Gegensatz zum Tiefland eine zehnmal größere Individuenanzahl aufweist und dicke Polster bildet (WALTER & BRECKLE 1984: 22 sowie RICHARDS 1996:420). Eichen, Buchen und Lorbeerbäume, Ericaceen und Koniferen kommen fast ausschließlich im Gebirge vor. Ebenso bietet der Bergregenwald fleischfressenden Pflanzen bessere Konkurrenzbedingungen, da dort Nährstoffe langsamer freigesetzt werden und alternative Nährstofferwerbsformen somit durchaus im Vorteil sein können.

Auch die Fauna des Bergregenwaldes unterscheidet sich von der des Tieflandregenwaldes: Käferarten und Regenwürmer dominieren im Bergregenwald, wohingegen nur im Tiefland Termiten existieren. Im Allgemeinen verringert sich die Zahl der Fruchtfresser, Beutejäger und Aasfresser mit der Höhe ü.M., jedoch nicht die der Allesfresser (COLLINS 1998:24). Bergregenwälder bilden auch durch ihre höhere Habitat-Diversität als ihr Tieflandäquivalent somit ein kompliziertes, reliefabhängiges und durch Höhenstufen mitbedingtes Puzzle aus kleinräumlicheren Lebensgemeinschaften.

WALTER und BRECKLE schreiben über die "extremen" (Tieflands-) Regenwälder mit einer Jahrestemperatur von 27°C und ca. 5000 mm Niederschlag pro Jahr, diese seien relativ einförmig. Es herrsche nur eine bestimmte Baumform bei etwa 80 Arten pro 0,5 Hektar Fläche vor, Epiphyten seien nicht sehr zahlreich und Lianen selten. Durch das Übermaß an Regen und die dadurch schlechte Belüftung des Bodens sei das optimale

Vegetationsverhältnis überschritten. Diese Einschätzung weiten sie auch auf die Tiefland-regenwälder des westlichen Amazonasgebietes und das Kongobecken aus. Den großen Artenreichtum fände man hingegen bei den Wäldern der unteren Gebirgshänge, bei denen Staunässe auf Grund guter Drainage im Boden fehle, sowie als Folge einer häufigen Bewölkung eine dauernde, gleichmäßige Luftfeuchtigkeit erhalten bliebe, was z.B. den hohen Epiphyten- und Lianenreichtum nach sich ziehe (WALTER & BRECKLE 1984: 22).

Ähnlich argumentieren Studien von JORGENSEN/ LEON-YANEZ und IBISCH, gemäß derer die Flora Ecuadors ihre höchste Artenvielfalt zwischen 1000 und 2000 m über N.N. aufweist und die Diversität Perus zwischen 1500 und 3500 m am höchsten ist (beide Studien zit. in SCHNEIDER 2001:195). Zu diesem Schluss kommt ebenso POHLE. So seien tropische Bergregenwälder der östlichen Andenausläufer Südecuadors auf Grund ihrer Lage zwischen Andenhoch- und Amazonastiefland als Flora-Fauna-Habitat durch überproportional hohe Biodiversität gekennzeichnet (2004: 15). Auch BUSSMAN bemerkt, wie noch andere Mitglieder der "DFG-Forschergruppe 402: Funktionalität in einem tropischen Bergregenwald Südecuadors", dass tropische Bergregenwälder "biodiversity-hotspots par excellence" seien (BUSSMANN 2001: 9) und MÜLLER-HOHENSTEIN et al. schreiben etwa, dass die tropischen Bergwälder der nördlichen Anden mit allein über 40 000 Blütenpflanzenarten als artenreichstes Ökosystem der Neotropis gelten (2004: 48). Alle diese Autoren vertreten somit die Auffassung, dass Bergregenwälder artenreicher oder wenigstens keinesfalls eine geringere Biodiversität als die Tieflandregenwälder aufweisen.

Dagegen schreibt SCHOLZ, dass mindestens zwei Drittel aller Tierarten der Erde in den *Tieflandregenwäldern* der Erde existieren (SCHOLZ 1998: 68). Er weist auf die deutliche Abnahme der α-Diversität mit zunehmender Höhe ü.M., also auch beim Übergang vom Berg- zum Tieflandregenwald, hin: Während im Tieflandregenwald etwa 50 bis 200 Baumarten pro Hektar vorkämen, seien es in 1000 m Höhe ü.M. gerade noch 30 und im Bergregenwald dann in 1500 m ü.M. nur noch 10 Arten pro Hektar (SCHOLZ 1998: 65). Diese Tendenz scheint auch durch einer Studie von Lambrecht zur Baumartenanzahl bestätigt zu werden, die zu dem Ergebnis kommt, dass in 2000-2600 m ü.M. ca. 56 Baumarten pro Hektar zu finden sind, in 2600-2800 m ü.M. 38 Baumarten/ha und in 2800-3200 m ü.M. nur noch 15 Arten/ha existieren. Auch diese Studie deutet somit auf einen mit zunehmender Höhe negativen "Artengradienten" hin (zit. in WALTER & BRECKLE 1984: 24). Ebenso zeigt sich bei RICHARDS in Bezug auf die Gehölzarten im Tieflandregenwald eine deutlich geringere Vielfalt als im Gebirgsregenwald (1996: 434) (vgl. Tab.1).

SCHNEIDERS Regionalstudie in einem Bergregenwald in den Anden Venezuelas deutet vorsichtig höhere Raten an Endemiten bei Epiphyten und Gehölzen in höher gelegenen Gebieten an. Die im Untersuchungsgebiet gefundene Artenvielfalt entsprach in etwa denen anderer vergleichbarer neotropischer Bergregenwälder. Während er zwischen maximal 107 und 154 Arten von Gefäßpflanzen pro 0,1 ha im untersuchten Gelände fand, wurden auf Flächen derselben Größe in verschiedenen Tieflandregenwäldern der Neotropis jedoch im Durchschnitt der von ihm aufgezählten Messungen jeweils 293 Gefäßpflanzenarten gefunden. SCHNEIDER will allerdings die Verallgemeinerung hin zu einer Regel, dass mit zunehmender Höhe über N.N. die Artenzahl *linear* abnehme, nicht bestätigen: "the observed diversity patterns were rather irregular. In part this is probably due to methodology (...)" (2001: 257). Vielmehr sei diese Frage weiterhin sehr umstritten in der Wissenschaft.

Dennoch schätzt auch er im Vergleich zu den neotropischen Tieflandregenwäldern die Artenvielfalt von Bergregenwäldern als eher niedrig ein: "In comparison with most neotropical lowland rain forests, alpha-diversity of montane forests is rather low" (SCHNEIDER 2001: 194). In diesem Sinne argumentiert auch WHITMORE, der feststellt, dass alle anderen Regenwaldformationen im Vergleich zum Tieflandregenwald einfacher strukturiert sind und ein kleineres Lebensformenspektrum sowie geringere Artenzahlen aufweisen (WHITMORE 1993:28).

5 Die Schutzwürdigkeit von Berg- und Tieflandregenwäldern

5.1 Wie ist der Begriff Schutzwürdigkeit und Naturschutz in Bezug auf Regenwälder zu verstehen?

Wege und Ziele im Naturschutz sind meist keine objektiv feststellbaren Werte. Die Vielfalt der Meinungen unterliegt in starkem Maße dem Zeitgeist sowie emotionspsychologischen Aspekten der Bewertung von Natur (HOBOHM 2000: 155). Pflanzen und Tieren wird in jüngerer Zeit verstärkt ein Selbstwert zugesprochen und mit diesem das Recht auf Arterhaltung. Diese biozentrische Ethik, also der Schutz der biologischen Vielfalt um ihres

Selbstwertes wegen, und die anthropozentrische Ethik, also der Schutz der Biodiversität, damit Menschen sich daran erfreuen können, wurden in den letzten Jahren auch in der öffentlichen Debatte zur Rechtfertigung von Schutzbestrebungen hinsichtlich des tropischen Regenwaldes herangezogen.

Als substantielle Kriterien für den Schutz von Räumen können Seltenheit, Mannigfaltigkeit, Vorkommen von vielen endemischen Spezies, Schlüsselarten (key species) oder Schlüsselstrukturen der Vegetation (key-stone structures), Stabilität, Repräsentativität, Natürlichkeit, synökologische Bedeutung, natur- und kulturhistorischer Wert oder auch Erlebniswert bzw. ästhetischer Wert verwendet werden, wobei der Wert der Seltenheit als eines der wichtigsten angesehen wird (HOBOHM 2000: 158f.).

Seit den 1980er Jahren kommt hierzu noch das Prinzip der Nachhaltigkeit. Wichtig für die Erhaltung von Landschaften ist in diesem Sinne die Frage nach der Regenerierbarkeit charakteristischer Biotope. Da sich tropische Regenwälder nur über sehr lange Zeiträume (bis zu 300 Jahre) regenerieren, bedeutet Schutz in diesem Falle: Gebiete erhalten und sich selbst überlassen (HOBOHM 2000:161).

In den letzten Jahren hat sich hier jedoch die Haltung von der absoluten "Hände-weg-vom-Regenwald-Einstellung" (SCHOLZ 1998: 154) auch bei den meisten Umweltorganisationen hin zu einem vorsichtigen Nachdenken über schonende Nutzungsmethoden (wie z.B. Nutzung und Verkauf von Sekundärprodukten des Waldes wie Rattan, Nüsse etc., Holzernte per Hubschrauber oder Ökotourismus) gewandelt, die die Bewahrung der Wälder vielleicht aussichtsreicher erscheinen lassen. Unter dem Gesichtspunkt der Biodiversitätserhaltung von Regenwäldern ist das "westliche" Nationalparkkonzept bei ausreichender Gebietsgröße und strikten Schutzbestimmungen sicherlich als optimal anzusehen. Es muss aber auch über Waldschutzkonzepte wie z.B. "Bewahrung durch Ressourcen schonende, Vielfalt bewahrende Nutzung" vor allem auch in Hinblick auf die Lokalbevölkerung nachgedacht werden (vgl. auch Biosphärenreservat-Konzept der UNESCO in Kapitel 6).

5.2 Kann Biodiversität als Kriterium für die Schutzwürdigkeit eines Lebensraumes dienen?

Ein Ökosystem funktioniert dadurch, dass bestimmte Stoff- und Energieflüsse stattfinden können, die teils spontan ablaufen und teils von Organismen durchgeführt werden. Einige Arten im Ökosystem besetzen dabei diese Schlüsselfunktionen und sind somit wichtige "Schlüsselarten" (key species), während andere für den Transport von Stoffen und Energie und somit die Stabilität des Ökosystems weniger wichtig sind (HOBOHM 2000: 61). In diesem Zusammenhang sind artenreichere Ökosysteme zumeist in der Lage, den Verlust einer wichtigen Art dadurch auszugleichen, dass Stoff- und Energieflüsse von ökologisch ähnlichen Arten übernommen werden. In artenarmen Ökosysteme dagegen werden Stoffwechselprozesse nur von einer oder wenigen Arten erfüllt; bei Verlust dieser wird das Ökosystem instabil (Zusammenhang von Wright, zit. in HOBOHM 2000: 67). Somit kann das Kriterium der Biodiversität als ein Maß für die Stabilität eines Ökosystems dienen und in diesem Sinne möglicherweise auch für die Schutzwürdigkeit.

Des Weiteren wirkt sich - wie in Kapitel 4.1 bereits dargestellt - eine größere Habitat-Diversität positiv stabilisierend auf die Artenvielfalt eines Lebensraumes aus (HOBOHM 2000: 147) und kann deshalb ebenfalls als Kriterium der Schutzwürdigkeit herangezogen werden.

Außerdem spekulieren viele Autoren, dass das Überleben der Menschheit einmal von der Biodiversität des Regenwaldes abhängen könnte. Noch unerforschte Medizinpflanzen böten Wirkstoffe für die pharmazeutische Industrie. Zudem könnten die genetischen Ressourcen, das "Gen-Reservoir Regenwald" zukünftig zur Züchtung von Nutzpflanzen dienen, um die Ernährung der wachsenden Menschheit langfristig sichern zu können (z.B. SCHOLZ 1998: 57). Genutzt werden auch die Assimilations- und Abbaufähigkeiten und die Vorbildfunktion des "Rohstofflagers" Biodiversität für technische Entwicklungen, zusätzlich befriedigt sie ästhetische und emotionale Bedürfnisse der Menschen (MARGGRAF & STRATMANN 2001: 365). All diese Nutzenstiftungen fließen z.B. in ökonomische Bewertungen der Biodiversität ein, was aber in dieser Arbeit aus Platzgründen nicht weiter verfolgt werden kann. Insgesamt wurde jedoch klar, dass man Biodiversität als Kriterium für die Schutzwürdigkeit eines Gebiets verwenden und somit durchaus als "Wert" eines Gebietes perzipieren kann.

5.3 Ableitungen aus den Erkenntnissen aus Ökologie und Biodiversität: Bewertung der Schutzwürdigkeit von Berg- und Tieflandregenwäldern.

5.3.1 Physiognomische Merkmale/ Biomasseproduktion

In Biomasse, Wuchsleistung, Holzmenge und Wuchshöhe, Stockwerksaufbau sowie Mächtigkeit der Emergenten ist der Tieflandregenwald dem Bergregenwald überlegen. Dieser ist gleichmäßiger, aus niedrigeren, schlankeren und knorrigen Bäumen mit dicker organischer Auflage aufgebaut.

Im Spiel des ästhetisch-emotionalen Empfindens des Menschen dürfte der höhere und mit mächtigen Emergenten durchsetzte Tieflandregenwald jedoch im Schnitt keinesfalls mehr Personen stärker beeindrucken als die geheimnisvoll wirkenden Mooswälder im Gebirge. Aus dem physiognomischen Vergleich von Berg- und Tieflandregenwald lassen sich folglich keine eindeutigen Aussagen zur bevorzugten Schutzwürdigkeit einer der beiden Formationen ableiten.

5.3.2 Vermeidung von Erosion und Überschwemmungen

Bei der Analyse der Schutzwürdigkeit kann man auch, gemäß einer funktional-anthropozentrischen Ethik, den direkten Nutzen ins Zentrum stellen, den ein bestimmtes Gebiet für den Menschen erbringt. Hierbei fällt die Fähigkeit des Bergregenwaldes ins Auge, den Wasserabfluss der hohen Niederschlagsmengen im Gebirge zu regulieren, da die vielen Epiphyten - vor allem auch Moose - die Interzeptionsfähigkeit, also die Fähigkeit Wasser durch die Vegetation zurückzuhalten, gewaltig erhöhen. So schätzte Pocs 1980 die durch Epiphyten retendierte Wassermenge im Tieflandregenwald in Ostafrika auf 15 000 kg pro Hektar und Regenguss. Im höher gelegenen Nebelwald (eine Höhenstufe über dem Bergregenwald) war die Trockenmasse der Epiphyten mit 14 000 kg/ha doppelt so groß wie die des Baumlaubes, das Interzeptionsvermögen stieg somit auf 50 000 kg pro Hektar (zit. in WALTER & BRECKLE 1984: 68). Mit der Zunahme der Epiphytenmasse erfolgt also eine Zunahme der potentiellen Interzeptionskapazität im Bergregenwald und Nebelwald.

Somit wären nach Rodung des Regenwaldes nicht nur die erosiven Prozesse in den Bergen auf Grund des stärkeren Gefälles stärker zu erwarten als im Tiefland. Gemäß einer Risikoanalyse für die Bevölkerung würde eine Rodung der Bergregenwälder nach

Niederschlägen die Wahrscheinlichkeit von Erdrutsch und Muren im Gebirge und etwas verzögert starker Überschwemmungen im Tiefland deutlich erhöhen, da die Pufferfunktion des Bergregenwaldes verloren ginge. Durch die Fähigkeit des Gebirgsregenwaldes, der Denudation am Hang und Überflutungen im Tiefland entgegenzuwirken, hat sein Schutz also praktischen Nutzen für den Menschen, es werden Katastrophen mit Milliardenschäden und Todesfällen in den Tropen verringert. Diese Retentionsfunktion der Niederschläge kann Tieflandregenwald in dieser Hinsicht nur in geringerem Ausmaß leisten. Somit wird unter dem angesprochenen Aspekt dem Bergregenwald in der Schutzwürdigkeit hier Vorrang vor der Tieflandformation eingeräumt. Denn auch WILCKE et al. schreiben in diesem Zusammenhang: "(...) the montane forests in the north Andes reduce soil erosion, prevent landslides, and protect the densely populated lower slope and valley positions from flooding..." (2001: 61).

5.3.3 Fähigkeit zur CO_2-Speicherung

Angesichts des anthropogen bedingenten zusätzlichen Treibhauseffekts und der globalen Klimaerwärmung gewinnt die Fähigkeit eines Ökosystems CO_2 zu speichern zunehmend an Relevanz in der Debatte um die Schutzwürdigkeit von Gebieten. Für Tieflandregenwälder könnte auf Grund der größeren Biomasse zunächst eine höhere Speicherfähigkeit von Kohlendioxid im Vergleich zu den Bergregenwäldern ausgegangen werden. Diese wiederum weisen allerdings weitaus höhere Torf- und Humusmengen im Boden auf als Tieflandregenwälder und besitzen zusätzlich dickere organischer Auflagen an den Stämmen und Zweigen. Eine Einschätzung zur verstärkten Schutzwürdigkeit eines der beiden Ökosysteme kann deshalb hier nicht gegeben werden.

5.3.4 Böden und Nährstoffkreisläufe

Geht man von der Annahme aus, dass Bergregenwald eher flachgründige, nährstoffreichere Böden mit zumindest in Brasilien höheren Mengen an Mineralien wie Calcium, Kalium und Magnesium aufweist und dagegen die Wurzeln im Tieflandregenwald auf Grund der tiefgründigeren Böden weitgehend von Nährstoffanreicherungen aus der Verwitterung des Ausgangsgesteins abgeschnitten sind und ein Großteil der Mineralien und Spurenelemente ausschließlich in der Phytomasse zirkuliert, scheinen die Böden der Bergregenwälder an flacheren Stellen besser für landwirtschaftliche Nutzung durch Dauerkulturen geeignet zu sein. Die so entstandenen Felder wären dann bei geeigneter Nutzung für längere Zeit bewirtschaftbar, im Gegensatz zu vielen Böden des Tiefland-regenwaldes, die nach der Rodung auf Grund folgender Mineralauswaschung schon nach wenigen Jahren als Felder nicht mehr genutzt werden können. Nach Beweidung und wiederholter Nutzung kommen auf den degradierten Tieflandflächen teils nur noch Adlerfarn oder hartblättriges Alang-Alang-Gras vor (KLINK 1998: 234), die bereits den Übergang zur edaphischen Wüstenbildung markieren (vgl. Abb. 12.) Somit wäre also im Tiefland schon nach kurzer Zeit ein Roden von neuen Flächen nötig, was nach obigen Prämissen in flachem Bergland ohne starke Erosion so nicht der Fall wäre. Lediglich bei Wanderfeldbau mit nur kleinen Rodungsinseln ist die landwirtschaftliche Nutzung ggf. im Tieflandregenwald zu empfehlen.

Abbildung 12. Abgeholzter Wald in Südwestbrasilien. Wie ersichtlich erodiert und degradiert die Fläche seit der Rodung und Nutzung als Viehweide zusehends, so dass hier wie in vielen umgebenden Gebieten die Beweidung bald aufgegeben werden muss.
Quelle: eigene Aufnahme, August 2001.

Unter den oben genannten Vorraussetzungen wäre auch in Bezug auf eine mäßige Ernte sekundärer Waldprodukte (z.B. Früchte, Arzneipflanzen, Rattan) oder Ressourcen schonenden Holzeinschlag etwa per Helikopter der Bergregenwald besser geeignet als der Tieflandregenwald, den damit verbundenen Nährstoffaustrag zu kompensieren.

Somit ist bei massivem Nutzungsdrang durch die Lokalbevölkerung wohl eher zu empfehlen, *Tieflandflächen vor der Nutzung und Rodung stärker zu schützen* und vor allem in flachem, weniger durch Erosion gefährdetem Bergregenwaldgebiet unter Wahrung ausreichender Schutzflächen eine begrenzte, auch landwirtschaftliche Nutzung zuzulassen, da so ein weiterer Flächenverbrauch in Zukunft eher eingedämmt werden kann. Die in diesem Kapitel getroffenen Schlussfolgerungen sind allerdings noch weitgehend Spekulation und bedürfen dringend weitergehender Untersuchungen.

5.3.5 Bedrohtheit

Die Tieflandregenwälder sind flächenmäßig ursprünglich weitaus größer vertreten als die Bergregenwälder, oftmals jedoch auch stärker von Rodungen betroffen. Dagegen hat ein verstärktes Ausmaß der Zerstörung in vielen Bereichen der Tropen die Bergregenwälder erst in jüngerer Zeit ergriffen, vor allem in jenen Regionen, in denen im Tiefland die Wälder bereits weitgehend zerstört sind.

Das Potential des Lebensraumes Tiefland scheint vom modernen Menschen zumindest kurzfristig höher eingeschätzt zu werden als das steiler Bergregenwaldgebiete, da Tieflandflächen leichter und schneller gerodet bzw. in Agrar- und Siedlungsflächen umgewandelt werden können. Bessere Zugänglichkeit und einfachere Bewirtschaftungsmöglichkeiten führen somit zu einem stärkeren Nutzungsdruck auf den Tieflandregenwald. Dagegen bleiben schroffe Bergregenwaldgebiete mit ihren geringeren anthropogenen Nutzungsmöglichkeiten häufig unzugänglicher und somit weiterhin Rückzugsraum für Tier- und Pflanzenarten (vgl. Abbildung 13).

Zu beachten ist in diesem Zusammenhang wohl auch, dass der Tieflandregenwald im Durchschnitt höhere Holzmengen sowie mächtigere Emergenten aufweist als der montane Regenwald und so zusammen mit seiner leichteren Zugänglichkeit für schwere Maschinen einer stärkeren Bedrohung durch die Holzindustrie ausgesetzt ist. Dies hat sich auch an der Attraktivität der das Kronendach der südostasiatischen Tieflandregenwälder beherrschenden Dipterocarpaceen für die internationale Holzwirtschaft gezeigt. Diese Region stellte z.B. 1987 88% des tropischen Holzexports der Welt (SCHOLZ 1998: 119).

Auch wenn die Flächenausdehnung des Tieflandregenwaldes global gesehen im-

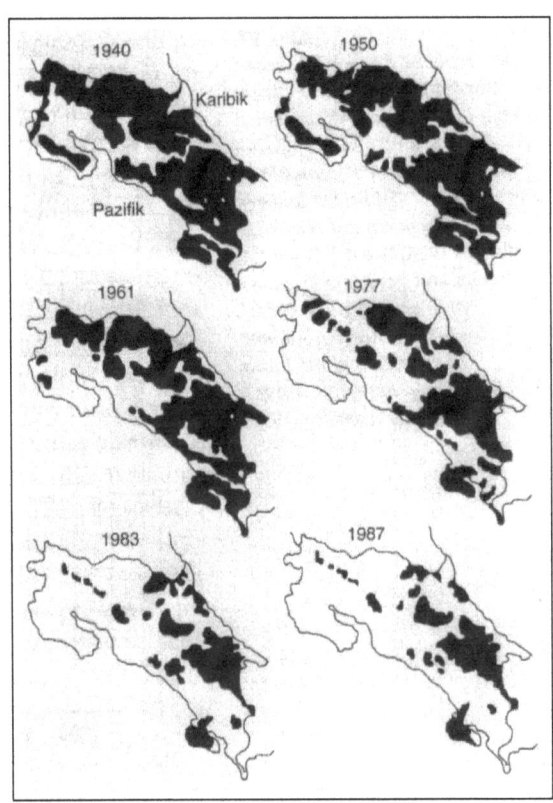

Abbildung 13. Abnahme der mit Regenwald bedeckten Fläche Costa Ricas (schwarz) zwischen 1940 und 1987. Auffällig ist vor allem, dass die Tieflandflächen sowohl auf pazifischer als auch auf atlantischer Seite fast vollständig gerodet wurden und die Bergregenwälder der Kordilleren eher erhalten blieben.
Quelle: Walter & Breckle 1984: 442.

mer noch größer als die der Bergregenwälder ist, lässt sich wohl im Zusammenhang einer bisher größeren Bedrohung und Nutzungsbeanspruchung der Tieflandformationen für eine höhere Schutzwürdigkeit dieser im Vergleich zum tropischen Bergregenwald plädieren. Die weitere Entwicklung der Bedrohungssituation bleibt jedoch abzuwarten.

5.3.6 Biodiversität

Die theoretischen Betrachtungen zur Biodiversität der Berg- und Tieflandregenwälder prognostizierten eine höhere α-Diversität der Tieflandformationen, dagegen aber eine größere Habitat-Diversität für die montanen Wälder. Diese Aussagen konnten vor allem auf Grund der weitaus größeren Schwankungen in Jahres- und Tagesgängen der abiotischen Faktoren in Bergregenwäldern und des dort geringeren Wasser- und Energieumsatzes abgeleitet werden.

Des Weiteren veranschaulichte Kapitel 4.2. die Schutzwürdigkeit von pleistozänen

Refugien und Endemismuszentren, egal ob es sich dabei um Berg- oder Tieflandregenwald handelt. Es steht außer Frage, dass solche Flächen großer Artenvielfalt inmitten artenärmerer Gebiete zukünftig genau ausfindig gemacht werden müssen. Sie scheinen wie prädestiniert für Schutzgebietausweisungen. Durch den Verlust dieser teils lokal sehr eng begrenzten Gebiete können hunderte von Tier- und Pflanzenarten auf einen Schlag verloren gehen, anders z.B. als die Erfahrungen für Mitteleuropa zeigen: England beispielsweise besitzt heute nur noch vier Prozent seiner ursprünglichen Waldbedeckung, die britische Flora hat jedoch durch die Entwaldung nicht eine einzige Gehölzart eingebüßt (WHITMORE 1993: 47). Zu den besonders schutzwürdigen Gebieten gehören z.B. die Regenwälder Madagaskars mit zu 90% endemischen Reptilien und Amphibien, sowie artenreiche pleistozäne Refugien in Afrika und Amerika.

Zudem müssen Lebensräume bevorzugt geschützt werden, in der für das Gesamtökossystem wichtige Schlüsselarten sowie "Schlüsselstrukturen der Vegetation" existieren. So brauchen z.B. Amazonasfische die Früchte der Sumpfbäume (WHITMORE 1993: 104), folglich müssen Flussabschnitte mit dichtem Sumpfbaumbestand eher geschützt werden, um die Vielfalt der ökologischen Wechselwirkungen und somit die Stabilität des Ökosystems zu erhalten.

Des Weiteren soll hier nochmals die standörtliche Komplexität und somit größere Habitat-Diversität des Bergregenwaldes gegenüber der Tieflandformation betrachtet werden. Während es durchaus vorkommen kann, dass sich im Tieflandregenwald auf einem Gebiet von 5000 km2 die Art und Zusammensetzung der abiotischen Faktoren nur wenig ändert, weisen Bergregenwälder je nach Standort und Relief vielfältigere Lebensräume in enger Nachbarschaft auf, die z.B. durch unterschiedliche klimatische und pedogene Bedingungen geprägt werden. So sind z.B. die feuchten Flächen der Abflussrinnen im Gebirge durch eine generell hohe Biodiversität gekennzeichnet, wohingegen trockenere Standorte auf den Bergkämmen eher artenarm sind - all dies dicht beieinander.

Die empirischen Ergebnisse der untersuchten Studien waren dagegen weit heterogener, als es die Theorie erwarten ließ. Zwar wurde deutlich, dass der Bergregenwald ein durchaus anderes Artenspektrum als die Tieflandformation aufweist und Pflanzen- und Tierfamilien sich zum Teil auf bestimmte Höhenstufen spezialisieren. Bei der Abschätzung, ob Tiefland- oder Bergregenwälder jedoch eine höhere Biodiversität besitzen, konnte in

Bezug auf Forscher und Studien kein einheitlicher Trend festgestellt werden. Einige neuere Studien gingen von höherer Biodiversität im Bergregenwald (meist Südamerikas) aus. Autoren wie SCHNEIDER dagegen fanden zwar im montanen Regenwald weit weniger Arten als im Tiefland, neglierten aber einen allgemein-linearen Zusammenhang zwischen Höhe ü.M. und Artenvielfalt. Wieder eine Reihe von Wissenschaftlern, darunter auch WHITMORE, gingen von einer deutlichen Abnahme der Biodiversität mit zunehmender Höhe ü.M. aus und schätzen den Tieflandregenwald als die Formation mit der weitaus höchsten Biodiversität ein.

Diese Arbeit kommt vor allem auch nach den theoretischen Überlegungen in den Kapiteln 4.1 und 4.2 ebenfalls zu dem Schluss, dass wohl im Tieflandregenwald eine höhere a-Diversität vorherrscht. Unter der Berücksichtigung, dass das "Gen-Reservoir" und zukünftige Nutzpotential des Regenwalds für den Menschen vor allem auch von der hohen Artenvielfalt abhängt und die meisten pleistozänen Refugien ebenfalls im tropischen Tieflandregenwald vermutet werden, wird hier hinsichtlich der Biodiversität der Tieflandformation eine höhere Schutzwürdigkeit gegenüber dem Bergregenwald eingeräumt. Ohne weitere zukünftige aussagekräftige Forschungen zu diesem Thema werden allerdings Wertungen wie diese hier immer subjektiv bleiben.

5.4 Fazit zur Schutzwürdigkeit

Aus dem physiognomischen Vergleich von Berg- und Tieflandregenwald und der Beurteilung der Fähigkeit, CO_2 zu speichern, ließen sich keine eindeutigen Aussagen zur bevorzugten Schutzwürdigkeit einer der beiden Formationen ableiten. Dagegen wurde im Falle des Kriteriums Schutz vor Erosion und Überschwemmungen dem Bergregenwald auf Grund der stärkeren Vermeidung von Denudation und Überflutungen eine höhere Schutzwürdigkeit gegenüber dem tropischen Tieflandregenwald eingeräumt.

Die Ableitungen zur Schutzwürdigkeit aus dem Vergleich von Böden und Nährstoffkreisläufen der beiden Regenwaldformationen ergaben die Handlungsanweisung, den Tieflandregenwald bei massivem Nutzungsdrang durch die Lokalbevölkerung stärker zu schützen und dagegen auf Grund der teils besseren Böden beim Bergregenwald eher eine begrenzte landwirtschaftliche Nutzung zuzulassen, um den weiteren Flächenverbrauch in Zukunft einzudämmen. Ebenso wurde dem Tieflandregenwald auf Grund einer stärkeren Bedrohung und Nutzungsbeanspruchung durch den Menschen hinsichtlich des

Schutzes Priorität eingeräumt, was durch die in der Tieflandformation höher vermuteten Biodiversität nochmals bestätigt wurde.

Diese Arbeit kommt somit zu der subjektiven Einschätzung, dass nach Abwägung aller Kriterien Tieflandregenwälder als schutzwürdiger erachtet werden sollten als Gebirgsregenwälder. Dennoch mag hier angemerkt werden, dass zu einer wirklich sorgfältigen Beurteilung der Frage der Schutzwürdigkeit von Berg- und Tieflandregenwäldern weitere Forschungsergebnisse und noch ausführliche Untersuchungen zu den einzelnen Kriterien erforderlich sein werden. Auch kann man wohl kaum von *dem* Tieflandregenwald oder *dem* Bergregenwald sprechen, da eine solche Klassifikation in lediglich zwei Kategorien für präzise Schlussfolgerungen und Handlungsanweisungen viel zu grob ist. Vielmehr haben Botaniker ca. vierzig verschiedene Typen allein von Tieflandregenwäldern identifiziert, die sich durch Bodenfruchtbarkeit, Niederschläge oder Entwässerungsverhalten und Artenvielfalt deutlich voneinander unterscheiden. Diese Arbeit zur Schutzwürdigkeit von Berg- und Tieflandregenwäldern mit ihrem Ergebnis der stärkeren Schutzpräferenz für letztere ist somit als Ansatz zu sehen, der am Beginn einer Reihe von differenzierteren Untersuchungen zu dieser Fragestellung stehen sollte.

6 Ausblick (fakultativ)

Inzwischen ist über die Hälfte der ursprünglichen Regenwaldbestände verschwunden, in Westafrika gar 70%, und diese Entwicklung scheint sich keinesfalls abzuschwächen (vgl. Abb. 14).

65% des gesamten weltweit vermarkteten Brennholzes (bzw. der Holzkohle) stammen von Harthölzern aus dem tropischen Regenwald, über 80% der gefällten Bäume des Regenwaldes werden verbrannt. Der (oft lokale) Brennholzbedarf ist somit eine Hauptbedrohung der Regenwälder (HOBOHM 2000: 122). Mit den wachsenden regionalen Bevölkerungen steigen aber auch Brandrodungsfeldbau, kommerzieller Holzeinschlag, moderne Agrarkolonisation, sowie der Bau von Staudämmen, Straßen und Siedlungen weiter an. Zudem tragen weltweiter Handel mit Tier- und Pflanzenarten und der Abbau von Bodenschätzen zum Verlust der Biodiversität bei (geschätzt wird ein Artenschwund zwischen 1975 und 2000 von wohl 30-50%). Dabei bietet die Artenvielfalt der Berg- und Tieflandwälder ein Potential, das in Zukunft für die Menschheit wichtig sein wird. Nach Ansicht von

31

COLLINS müssten mindestens 15% der Regenwaldfläche in ausreichend großen Reservaten geschützt werden, um den Forderungen nach Erhalt der Biodiversität einigermaßen gerecht zu werden (zit. in SCHOLZ 1998. 155).

Die vielen Lösungsansätze zum Schutz der Regenwälder, wie die Ausweitung großer, überwachter Schutzgebiete, der Verzicht auf weitere Straßen durch bislang unberührte Waldgebiete um die spontane Agrarkolonisation zu stoppen, Ökotourismus (man vergleiche den Erfolg Costa Ricas auf diesem Gebiet) oder die Intensivierung der Landwirtschaft auf bereits gerodeten Waldflächen sind nicht spezifisches Thema dieser Arbeit und können hier allenfalls kurz genannt werden. Hinsichtlich des Schutzes der Regenwälder wird es aber auch nötig sein, etwa im Rahmen eines internationalen Regenwaldregimes, Gelder aus Industrienationen gezielt für den Schutz tropischer Feuchtwälder oder Biodiversitätszentren einzusetzen.

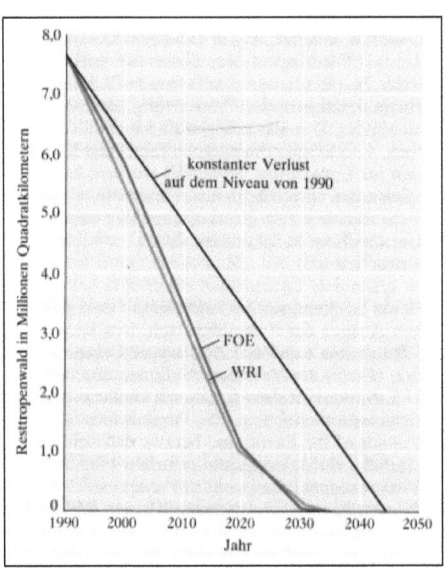

Abbildung 14. Die Gerade zeigt die weltweite Abnahme des feuchten Tropenwaldes, falls nach 1990 jährlich gleich bleibende Waldflächen gerodet werden. Die beiden Linien basieren auf Hochrechnungen der Organisation Friends of the Earth und dem World Resources Institute.
Quelle: TERBORGH 1993: 202.

Neue Hoffnungen wecken vor allem Ideen zu Biotopverbünden und Mehrzweckreservaten, wie etwa das Modell der UNESCO-Biosphärenreservate. Eine absolut geschützte Kernzone unberührten Ökosystems ist dabei von einem Übergangsstreifen umgeben (Puffer- und Entwicklunszone), der vor allem von der lokalen Bevölkerung nachhaltig genutzt werden darf (POHLE 2004: 21). Diese künftigen Reservate sollten dann über Korridore vernetzt werden. Solche Lösungen, die durchaus auch im Interesse der Lokalbevölkerung lägen, stecken sicherlich noch in den Kinderschuhen, gehen aber in die richtige Richtung. Vielleicht gelingt es im Rahmen solcher Ideen künftig, Teile des verbliebenen Tiefland- und Bergregenwaldes mit ihrer komplexen, einzigartigen Ökologie und Biodiversität besser zu schützen und zu erhalten.

7 Quellenverzeichnis

BARTHLOTT, W., W. LAUER & A. PLACKE (1996): Global distribution of species diversity in vascular plants: towards a world map of phytodiversity. In: Erdkunde 50, S. 317 - 327.

BECK, E. & K. MÜLLER-HOHENSTEIN (2001): Analysis of undisturbed and disturbed tropical mountain forest ecosystems in Southern Ecuador. In: Die Erde 132 (1), S. 1 - 8.

BOURLIÈRE, F. (1989): Mammalian Species Richness in Tropical Rainforests. In: BOURLIÈ-RE, F. & M.L. Harmelin-Vivien (Hrsg.): Vertebrates in Complex Tropical Systems. New York, S. 153 - 169.

BUSSMANN, R. W. (2001): The montane forests of Reserva Biológica San Francisco (Zamora-Chinchipe, Ecuador). Vegetation zonation and natural regeneration. In: Die Erde 132 (1), S. 9 - 25.

COLLINS, M. (1990): Die letzten Regenwälder. 202 S., Gütersloh.

GRIESEBACH[1], A. (1838): Über den Einfluß des Klimas auf die Begrenzung der natürlichen Floren.

HOBOHM, C. (2000): Biodiversität. 214 S., Wiebelsheim.

KLINK, H.-J. (1998): Vegetationsgeographie. 238 S., Braunschweig.

MARGGRAF, R. & U. Stratman (2001): Ökonomische Aspekte der Biodiversitätsbewertung. In: Janich, P., K. Gutmann & K. Prieß (Hrsg.): Biodiversität. Wissenschaftliche Grundlagen und gesellschaftliche Relevanz. Berlin, S. 357 - 411.

MÜLLER-HOHENSTEIN, K., A. Paulsch, D. Paulsch & R. SCHNEIDER (2004): Vegetations- und Agrarlandschaftsstrukturen in den Bergwäldern Südecuadors. In: Geographische Rundschau 56 (3), S. 48 - 55.

POHLE, P. (2004): Erhaltung von Biodiversität in den Anden Südecuadors. In: Geographische Rundschau 56 (3), S. 14 - 21.

RICHARDS, P. W. (1996): The Tropical Rain Forest. 575 S., Cambridge.

SCHOLZ, U. (1998): Die feuchten Tropen. 173 S., Braunschweig.

SCHNEIDER, J. (2001): Diversity, structure, and biogeography of a successional and mature upper montane rain forest of the Venezuelan Andes. 371 S., Osnabrück.

SCHULTZ, J. (2000): Handbuch der Ökozonen. 553 S., Stuttgart.

SZARZYNSKI, J. (2000): Bestandsklima und Energiehaushalt eines amazonischen Tieflandregenwaldes. Mannheimer geographische Arbeiten 53, 225 S., Mannheim.

TERBORGH, J. (1993): Lebensraum Regenwald. Zentrum biologischer Vielfalt. 253 S., Heidelberg.

---

[1] Anmerkung: Verwendetes Zitat ist auch im Internet unter der Seite http://lexikon.freenet.de/ vom 07.09.2005 einsehbar - Verantwortliche i.S.v. § 6 Abs. 2 MDStV: Eckhard Spoerr, Gregor Poniewasz . Ebenso erfolgte mündliche Bestätigung durch A. Bräuning.

WALTER, H. (1986): Allgemeine Geobotanik. 274 S., Stuttgart.

WALTER, H. & S.-W. BRECKLE (1984): Spezielle Ökologie der Tropischen und Subtropischen Zonen. Ökologie der Erde 2, 461 S., Stuttgart.

WILCKE, W., S. Yasin, C. Valarezo & W. Zech (2001): Nutrient budget of three micro-catchments under tropical montane rain forest in Ecuador - preliminary results. In: Die Erde 132 (1), S. 61 - 74.

WHITMORE, T. C. (1993): Tropische Regenwälder. Eine Einführung. 275 S., Heidelberg.